BEI GRIN MACHT SICH IHR WISSEN BEZAHLT

- Wir veröffentlichen Ihre Hausarbeit,
  Bachelor- und Masterarbeit

- Ihr eigenes eBook und Buch -
  weltweit in allen wichtigen Shops

- Verdienen Sie an jedem Verkauf

Jetzt bei www.GRIN.com hochladen
und kostenlos publizieren

Bibliografische Information der Deutschen Nationalbibliothek:

Die Deutsche Bibliothek verzeichnet diese Publikation in der Deutschen National-
bibliografie; detaillierte bibliografische Daten sind im Internet über http://dnb.d-
nb.de/ abrufbar.

Impressum:

Copyright © 2010 GRIN Verlag, Open Publishing GmbH
Druck und Bindung: Books on Demand GmbH, Norderstedt Germany
ISBN: 9783640650491

Dieses Buch bei GRIN:

http://www.grin.com/de/e-book/150824/artifizielle-gefieder

Michael Dienst

Artifizielle Gefieder

GRIN Verlag

Beuth Hochschule für Technik, Berlin
University of Applied Sciences Berlin, Germany
Bionic Research Unit, FB Maschinenbau, Umwelt- und Verfahrenstechnik

Artifizielle Gefieder

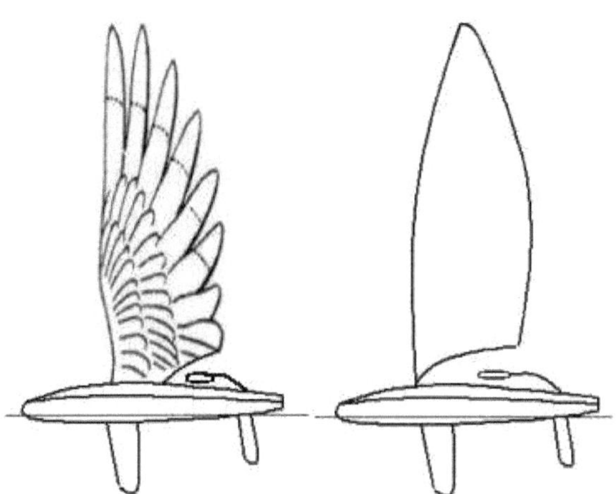

Bionik- Forschung an der Beuth-Hochschule für Technik, Berlin (BHT)

Die Bionik ist eine in die Zukunft weisende, interdisziplinäre Wissenschaft. Sie erfreut sich an unserer Hochschule bei Studierenden und Lehrenden einer außergewöhnlichen Beliebtheit. Die Bionik wird seitens der Industrie, der Wirtschaft und der bundesdeutschen Bildungs- und Forschungspolitik als eine der Schlüsselkompetenzen der folgenden Dekade angesehen. Den hohen Erwartungen an diese junge Wissenschaft trägt die Beuth Hochschule für Technik Berlin mit einer, im besonderen Maße auf Bionik-Forschung fokussierten Fachgruppe für Bionik, der **Bionic Research Unit**, Rechnung.

Mi. Dienst, Berlin im Mai 2010

Artifizielle Gefieder

Beuth Hochschule für Technik Berlin
University of Applied Sciences Berlin, Germany
FB VIII Maschinenbau, Umwelt- und Verfahrenstechnik
Dipl.-Ing. Michael Dienst
{midienst@beuth-hochschule.de}, http:// www.beuth-hochschule.de

Gefieder. Bionik befasst sich mit der Untersuchung und Übertragung optimaler Lösungsprinzipien der belebten Natur auf technische Systeme. Viele biologische Systeme sind bis an den Rand des physikalisch Möglichen optimiert. Ein gutes Beispiel: Vögel und Gefieder. Vögel sind hervorragende Flieger, können große Geschwindigkeiten erreichen und enorme Strecken zurücklegen. Der schnellste Vogel ist, mit über 170 Stundenkilometern Fluggeschwindigkeit, der Mauersegler. Die Küstenseeschwalbe ist der Vogel, der bei seinen jährlichen Wanderungen am weitesten fliegt: Sie unternimmt alljährlich einen Rundflug zwischen Nordpol und Südpol.

In Vögel hat die biologische Evolution enorm viel Entwicklungsarbeit investiert, sie sind hochoptimiert. Eine Ursache von Effizienz bei künstlichen und biologischen Systemen ist die Häufigkeit des Auftretens.

Beuth Hochschule für Technik, Berlin
University of Applied Sciences Berlin, Germany
Bionic Research Unit, FB Maschinenbau, Umwelt- und Verfahrenstechnik

Artifizielle Gefieder

Das gilt von Generation zu Generation, also relativ und zeitlich horizontal, als auch absolut und vertikal über weite Optimierungszeiträume hinweg. In der Zeit, während der ein gewichtsgleiches Säugetier erwachsen wird, hat das System Vogel schon 4 oder 5 Generationenfolgen hinter sich. Rein statistisch ein guter Grund für Bioniker, auf der ständigen Suche nach Innovationen, sich dem biologischen Hightech-Produkt Vogel und seiner einzigartigen Verpackung besonders intensiv zu widmen. Fassen wir Segeln als ebenes, zweidimensionales Fliegen auf, sollte es gelingen, bei der Entschlüsselung der physikalischen Effekte fliegender, biologischer Systeme auf die Lösungsprinzipien zu stoßen, die auf die Probleme passen, deren wir uns beim Yachtdesign gegenübersehen. Die Übertragung raffinierter Wirkmechanismen auf künstliche Systeme erfordert Detailkenntnisse über die Naturvorgänge die sie realisieren, über natürliche Konstruktionen und den äußeren Kontext der Wesen. Dieser stimmt ja mit der Lebenswelt des Seglers überein.

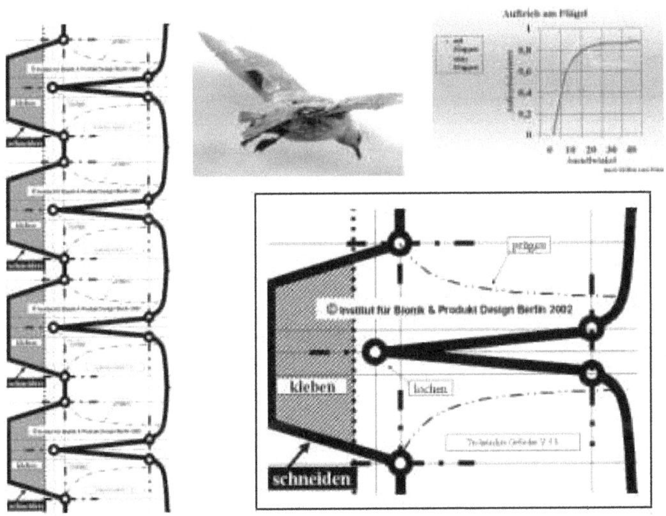

Artifizielle Gefieder

Was ist nun das typische an einem Vogel? Fragen wir nach den Merkmalen. Jedes Fliegende System sollte ein Mindestprofil besonderer Eigenschaften besitzen: hohes Leistungsvermögen, niedriges Gewicht und aerodynamische Form. Für einen sicheren Flug müssen die Sinne, insbesondere das Sehvermögen, scharf sein. Vögel besitzen ausgezeichnete Augen, vielleicht die leistungsfähigsten aller Wirbeltiere. Das Sehzentrum des Gehirns ist ebenso wie die motorischen Zentren gut entwickelt, denn Fliegen als Bewegungsablauf erfordert eine hervorragende Koordination. Der gesamte Körperbau eines Vogels ist an die fliegende Lebensweise angepasst. Sein Knochensystem ist ein Lehrstück in Leichtbau. Waben-, und räumliche Wölbstrukturen sind die „Konstruktionsmerkmale" dieser Tragwerke, die jedes System, das natürliche und das künstliche fest und zugleich auch leicht machen. An der Kunst der räumlichen Konstruktion waren die Ingenieure von je her besonders interessiert, aber erst mit der Verfügbarkeit komplexer Berechnungsverfahren, wie beispielsweise der Finite Elemente Methode FEM gelingt es allmählich, das Geheimnis natürlicher Beul- und Wölbstrukturen zu entschlüsseln. Und dennoch, das Leistungsgewicht biologischer Flieger bleibt eine Herauforderung moderner Ingenieurskunst. Ein Fregattvogel zum Beispiel, hat eine Flügelspannweite von mehr als zwei Metern, sein Skelett wiegt aber lediglich etwa 115 g.

Eine weitere Anpassung, die das Gewicht reduziert, ist das Fehlen einiger Organe. Die heutigen Vögel sind im Zuge der evolutiven Optimierung zahnlos und ohne muskulösen Kieferapparat ausgestattet. Der Vogelschnabel ist eine Anpassung, die das Gewicht des Kopfes erheblich verringert. Fliegen erfordert einen hohen Energieaufwand und einen intensiven, aktiven Stoffwechsel. Betrachtet man den Energieverbrauch beim Fliegen pro Zeiteinheit, dann zeigt sich, dass fliegende Tiere in der gleichen Zeit mehr Energie verbrauchen als rennende oder schwimmende

Beuth Hochschule für Technik, Berlin
University of Applied Sciences Berlin, Germany
Bionic Research Unit, FB Maschinenbau, Umwelt- und Verfahrenstechnik

Artifizielle Gefieder

Tiere. Vögel halten mittels ihrer eigenen Stoffwechselwärme eine warme, konstante Körpertemperatur aufrecht.

Gefieder birgt eine Vielzahl unterschiedlichster Geheimnisse. Federn sind mikrostrukturiert und sie sind hydrophob. Das sind gute Voraussetzungen für Selbstreinigungseffekte, wie wir sie von zahlreichen Pflanzen kennen. Das Gefieder speichert Luftmasse, wirkt also als Barriere gegen Wärmeaustausch und ermöglicht dem Vogel die vom Stoffwechsel erzeugte Wärme zu behalten. Als Tragfläche bildet Gefieder einen Universalflügel aus, mit dem extrem unterschiedliche Manöver geflogen werden können: Kraftflug, Gleiten und Bodeneffekt-Segeln! Wie manche Kunststoffgewebe, neigt Gefieder dazu, sich im Fluge elektrostatisch aufzuladen. Wozu das dient, wissen wir noch nicht! Genauso wenigweiß man darüber, welchen Nutzen die Gasdurchlässigkeit von Federn birgt. Eine einzelne Feder ist gasdurchlässig. Werden viele dieser Elemente dachziegelartig angeordnet, tritt eine neue Qualität auf. Der Widerstand gegen Massendurchfluss in einem Gefieder ist variant, vielleicht ist er regelbar. Vogelfedern sind genial. In romantischen Worten sprechen wir gerne über das Federkleid, aber Gefieder ist weit mehr als nur eine farbenprächtige Verpackung. Gefieder (jedes) funktioniert nach dem Prinzip des Klettverschlusses. Der wurde ja in der Natur mehrfach erfunden. Bei Insekten und vor allem bei Pflanzen ist dieses Prinzip bekannt. Hier dient es der Mobilität. Da Pflanzen nicht laufen können, haben sie im Laufe der Evolution raffinierte Transportsysteme entwickelt, sozusagen Mobilität in Fremdvergabe. Klettverschlüsse im Pflanzenreich funktionieren nach einer einfachen Formel:

Klette in Verbindung mit Wildschweinfell = Mobilität und Verbreitung der Pflanze.

Strukturmechanisch ist das Vogelgefieder, dank des Klettenverfahrens, ein „selbstausheilendes" Gefüge. Geraten Vögel miteinander in Konflikt, oder zerzaust sich ihr Gefieder auf andere Weise, genügt eine rasche kämmende Bewegung (putzen) um den Auftriebsapparat zu reformieren. Gefieder ist sowohl extrem leicht als auch äußerst fest und gehört zu den bemerkenswertesten aller Anpassungen von Wirbeltieren. Federn bestehen aus ß-Keratin - demselben Protein, das auch die Schuppen der Reptilien bildet. (Dagegen bestehen Haare, Hufe und Nägel aus dem andersartigen a-Keratin.).

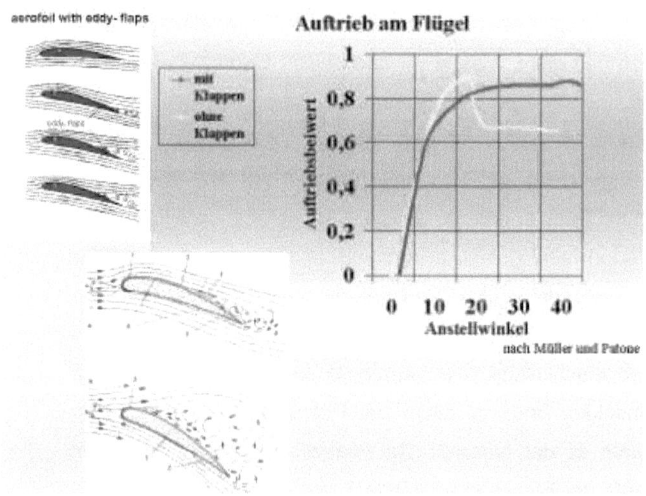

Gefiedertaschen. Gefieder bildet, im Gegensatz zum Segeltuch, das im umströmten Zustand eher dem physikalischen Modell einer gewölbten Platte entspricht, räumliche Tragflächenprofile aus. Zukünftige künstliche,

Beuth Hochschule für Technik, Berlin
University of Applied Sciences Berlin, Germany
Bionic Research Unit, FB Maschinenbau, Umwelt- und Verfahrenstechnik

flexible Segeltragflächen kommen an dem System Gefieder nicht vorbei. Der Effekt jedoch, der die Aerodynamiker derzeit am meisten interessiert, ist die Fähigkeit von Gefieder, den plötzlichen Strömungsabriss an einer Tragfläche zu unterbinden. In extremen Strömungssituationen des Vogelfluges beobachtete man das Aufstellen des Deckgefieders. Anfangs sprach man von den „Landeklappen" der Vögel, doch dann beobachtete man diesen seltsamen Effekt auch in großen Höhen und damit unabhängig von Landemanövern. Ein Erklärungsmodell der Wissenschaftler hatte eine Art Indikatorfunktion des Gefieders im Visier: das plötzliche Aufreißen des Deckgefieders soll dem Vogel einen ungünstigen, ja fatalen Strömungszustand signalisieren.

Eingehende Untersuchungen von Müller und Patone von der TU in Berlin aber zeigten, dass das Deckgefieder ein passives Sicherheitssystem ausbildet und weniger als Signalfunktion dient. Es verhält sich etwa so: Werden Tragflügel in einem Winkel von etwa 5° Grad angeströmt, bilden sie auf der Flügelunterseite ein Überdruckgebiet aus. Was den Tragflügel fliegend macht ist aber das intensive Unterdruckgebiet oberhalb der Auftriebsfläche. Dieses Unterdruckgebiet ist extrem anfällig gegenüber Störungen. In einem kritischen Betriebszustand, der Segler kennt diesen Zustand als Stall, kommt es an der Tragflächenhinterkante, bzw. dem Achterliek der Segeltragfläche zu einer schädlichen Umströmung. Direkt auf der Tragflächenoberseite zeigt sich nun eine lokale Fluidbewegung entgegen der Hauptströmungsrichtung. Diese Fluidbewegung breitet sich an kompakten (technischen) Tragflächen rasant aus und führt im Regelfall zum Zusammenbruch des Unterdruckgebietes auf der Tragflächenoberseite. Die Auftriebleistung des Flügels fällt schlagartig ab. Diese „aufgequollene" Strömung generiert darüber hinaus einen deutlichen Zuwachs an Strömungswiderstand. Bleiben wir noch einen Moment beim Flugzeug. Da dieser komplexe Effekt selten an beiden

Artifizielle Gefieder

Tragflächen gleichzeitig auftritt, führt der Überschuss an Auftrieb der „intakten" Flügelseite zu einem Rollmoment um die Längsachse, das künstliche Flugsystem sackt trudelnd ab. Nicht so der Vogel, obwohl es offenbar gar nicht so selten ist, dass Vögel in oder nahe an den Stall-Zustand geraten. Vielleicht ist das ja ein Trick, der zu hohen Flugleistungen führt. Wie etwa beim Segeln: Willi Kuhweide („Mein Großsegel sah von hinten wie ein Strich aus,...") fuhr sein Segel auf Amwind- Kursen immer extrem dicht. Er versteht die hohe Kunst, das notwendige ¼ Grad unterhalb des Stallbereichs zu segeln.

Wenn es nun bei einem Vogelflügel zu der gefürchteten Rückströmung kommt, bricht das Unterdruckgebiet auf der Tragflächenoberseite nicht ein, denn im Stallzustand steilen sich die Federn auf. Das rückströmende Fluid kriecht quasi unter das Gefieder. Der Rückfluss kommt, lokal wie es auftritt, auch lokal zum Stillstand, die Grenzschicht quillt nicht auf. Stattdessen heilt die Strömung aus und das Profil leistet kontinuierlichen Auftrieb; die Gefahr ist gebannt.

Müller und Patone untersuchten das biologische Vorbild und entwarfen Rückströmklappen für technische Tragflächen. An Modellflügeln konnten sie den Effekt des Ausheilens der Strömung nachstellen, und lieferten für das Auftriebsverhalten künstlicher, „gefiederter" Tragflächen eindrucksvolle Messergebnisse bis in den Bereich 30° bis 40° Anstellwinkel der Tragfläche. Das Diagram zeigt schematisch Verlauf des Auftriebsbeiwertes über den Anstellwinkel aufgetragen für eine profilierte Tragfläche mit Rückströmtaschen aus Segeltuch. Während der Auftrieb bei einem Tragflügel ohne künstlichem Gefieder bei etwa 20° Anstellwinkel zusammenbricht, legt die Auftriebsfläche nach dem Vorbild der Natur sogar noch zu! Die Luftfahrtindustrie arbeitet an künstlichem Deckgefieder und auch der Riggkonstrukteur kann von biologischen

Tragflächen enorm viel lernen. Die Erfahrung, dass Rückströmklappen an flexiblen Segeltragflächen nicht ohne weiteres realisierbar sind, machten wir vor sechs, sieben Jahren bei Surf-Riggs. Frustriert gingen wir zurück zum „Lernen" an den Windkanal.

Künstliche Gefieder. Sprechen wir über Fluide im Allgemeinen. Luft besitzt sogenannte reynold'sche Ähnlichkeit mit Wasser, wenn Strömungsgeschwindigkeiten und geometrische Parameter stimmig sind. Das Phänomen „Ausheilen einer Strömung durch Begrenzung der Rückströmung " wird dann zu einer universalen Strategie der Verminderung oder Vermeidung des Auftriebseinbruchs bei einer Stallströmung in beliebigen Fluiden. In einer ersten Machbarkeitsstudie haben wir nun begonnen, künstliches Gefieder in Gestalt von Gefiederfolien für das Ruderblatt einer Jolle zu entwerfen.

Das Motiv ist klar: Das Ruderblatt gehört zum Lateralplan. Fährt eine Jolle auf geradem Kurs, verzeichnen wir Form- und Oberflächenwiderstand; hinzu kommt der so genannte induzierte Widerstand, der auftriebsbedingt ist und auftritt, weil – ebenso wie das Schwert einer Jolle – das Ruderblatt ein Flügel ist, der im Medium Wasser arbeitet. Der Widerstand des neutralen Ruders ist nicht unerheblich und wie bereits an dieser Stelle beschrieben wurde, bietet die belebte Natur so einiges an „Ideen" auf, einen Strömungskörper und somit auch eine Ruderanlage bezüglich des Strömungswiderstandes durchzuoptimieren.

Nehmen wir nun das Ruder in Funktion. Wenn ein Ruderblatt das tut, wozu es am Heck montiert ist, werden die Energieeinträge in die Strömung kolossal. Jeder Regattasegler weiß, dass mit Lenkbewegungen auf jeden Fall zu geizen ist und erfahrene Trainer lassen die Kids mit abmontierter Ruderanlage üben, denn lenken lässt sich ein Boot auch mit

Beuth Hochschule für Technik, Berlin
University of Applied Sciences Berlin, Germany
Bionic Research Unit, FB Maschinenbau, Umwelt- und Verfahrenstechnik

Artifizielle Gefieder

dem Rigg und durch Gewichtsverlagerung. Das gelegte Ruder produziert schon bei geringen Anstellwinkeln einen enormen Widerstand, ein „hart" gelegtes Ruder quirlt das Kielwasser förmlich auf. Halten wir nun dieses Bild einen Moment fest: Die Wirbelbewegung im Nachlauf der Strömung um das Ruderblatt stammt von einer Fluidbewegung entgegen der Fahrrichtung des Bootes. Es ist eine Analogie der beschriebenen Strömungsbewegung um die Hinerkante einer Auftriebsfläche, nur handelt es sich hier eben um den „Flügel Ruderblatt" im Stallzustand.

Wie sich die Dinge doch ähneln: Großer Anstellwinkel - Stallzustand – Rückfluss von Fluid – Aufquellen der Strömung – Anwachsen des Widerstands, ... Soweit das Problem.
Kommen wir zur Lösung: technisches Gefieder!

Ausblick.
Im Anhang dieses Aufsatzes ist eine erste technische Ausführung eines technischen Gefieders beschrieben. Davon ausgehend, dass das Phänomen der Strömungsablösung bei künstlichen Strömungskörpern und das beim biologischen System beobachtete Aufsteilen des Deckgefieders universell ist, gilt für Fluide allgemein, dass geometrische und strömungsmechanische Ähnlichkeit herrscht. Die war der Ausgangspunkt bei der Entwicklung der beschriebenen Gefiederfolie.
Das Ablöseproblem wird dadurch gelöst, dass auf die gereinigten Oberflächen von Seefahrzeugen Strömungsklappen auf der Basis von Einweg-Oberflächenfolien geklebt werden. Die hydroflexiblen Einweg-Oberflächenfolien für geometrisch einfache Unterwasserbauteile von Seefahrzeugen sind nach dem Betrieb leicht entfernbar und zu entsorgen. Für den regulären Regattabetrieb sind diese Einweg-Oberflächenfolien nicht geeignet, weil sie nicht Regelkonform sind. Als

Forschungsgegenstand bedeuten sie uns aber einen ersten Schritt hin zu einem technischen Gefieder.

Bibliographie

[AIAA-97]   Biological Surfaces and their Technological Application. 28th AIAA Fluid Dynamics Conference. (1997)

[Bann-02]   Bannasch, Rudolph. Vorbild Natur. In: design report 9/02, S.20ff. Blue.C Verlag Stuttgart: 2002.

[Bapp-99]   Bappert, R. Bionik, Zukunftstechnik lernt von der Natur. SiemensForum München/Berlin und Landesmuseum für Technik und Arbeit in Mannheim (Herausgeber): 1999

[Bech-93]   Bechert, D.W.: Verminderung des Strömungswiderstandes durch bionische Oberflächen. In: VDI-Technologieanalyse Bionik, S. 74 – 77. VDI-Technologiezentrum Düsseldorf 1993.

[Bech-97]   Bechert, D.W., Biological Surfaces and their Technological Application. 28th AIAA Fluid Dynamics Conference: 1997

[Dien-02]   Dienst. M.: Die Natur als Vorbild für Innovationen im Yacht Design. 23. Symposium Yachtentwurf und Yachtbau Hamburg, In: Tagungsband, S. 9-37. Hamburg 2002.

[Die09-2]   Dienst, Mi., (2009) Bionic Basics. History. BOD Verlag Norderstedt. ISBN 978-3-8370-3476-9 Gebrauchsmuster Nr. 20 2009 004 438.6

[Dubb-95]   Dubbel, Handbuch des Maschinenbaus, Berlin, 15.Auflage 1995.

[Eige-87]   Eigen, M. Stufen zum Leben, Pieper München, Zürich 1987.

[Fren-94]   French, M.: Invention and Evolution: design in nature and engineering. Cambridge University Press. Cambridge 1994.

Artifizielle Gefieder

[Fren-99]   French, M.: Conceptual Design for Engineers. Berlin, Heidelberg, New York, London, Paris, Tokio: Springer: 1999

[Gutm-89]   Gutmann, W.: Die Evolution hydraulischer Konstruktionen. Verlag W. Kramer: Frankfurt am Main, 1989.

[Liao-03]   Liao, J.C.; Beal, D.; Lauder, G.; Triantayllou, M. Fish Exploting Vortices Decrease Muscle Activty. In: Science 2003, S. 1566-1569. AAAS. 2003.

[Matt-97]   Mattheck, C.: Design in der Natur. Rombach Verlag. Freiburg 1997.

[Nach-98]   Nachtigall, W. : Bionik – Grundlagen und Beispiele für Ingenieure und Naturwissenschaftler. Springer-Verlag, Berlin-Heidelberg-New York 1998.

[Nach-00]   Nachtigall, Werner; Blüchel, Kurt. Das große Buch der Bionik. Stuttgart: Deutsche Verlags Anstalt: 2000.

[PaBe-93]   Pahl. G.; Beitz, W.: Konstruktionslehre, 3.Auflage. Berlin-Heidelberg-New York-London-Paris-Tokio: Springer 1993

[Rech-94]   Rechenberg, Ingo. Evolutionsstrategie'94. Frommann-Holzoog Verlag. Stuttgart: 1994.

[Roth-92]   Roth, K.: Methodisches Entwickeln von Lösungsprinzipien, Wege und Verfahren zur Lösungsfindung in der Konstruktionspraxis. VDI-Berichte 953, Düsseldorf. VDI Verlag 1992

[Tria-95]   Triantafyllou, M.: Effizienter Flossenantrieb für Schwimmroboter. In: Spektrum der Wissenschaft 08-1995, S. 66 –73. Spektrum der Wissenschaft- Verlagsgesellschaft mbH, Heidelberg 1995.

[VDI 2221]   VDI-Richtlinie 2221. Methodik zum Entwickeln und Konstruieren technischer Systeme und Produkte. Düsseldorf: VDI-Verlag 1993.

Anhang: Gebrauchsmusterpatent

Gebrauchsmuster Nr. 20 2009 004 438.6
IPC   B63B 1/34 (2006.01)
Bezeichnung: Hydroflexible Einweg-Oberflächenfolie für geometrisch
                          einfache Unterwasserbauteile von Seefahrzeugen.
Tag der Anmeldung01.04.2009
Tag der Eintragung 04.06.2009

Hydroflexible Einweg-Oberflächenfolie für geometrisch einfache Unterwasserbauteile von Seefahrzeugen.

Stand der Wissenschaft und Technik

Bei aerodynamisch wirksamen Auftriebsflächen und Tragflügeln kommt es in bestimmten Flugphasen und bei Flugmanövern mit großem Anstellwinkel zu einer Strömungsablösung an der Tragflächenoberseite (allgemein: Leeseite des Strömungskörpers) infolge lokaler Rückströmung und Wirbelbildung. Das Auftriebsgebaren der Tragfläche ist nun gestört; Flugsysteme können in Gefahr geraten, abzustürzen. Der strömungsmechanische Ablöseeffekt wird bei artifiziellen und biologischen Tragflächen beobachtet.

Biologie. Aus den Naturwissenschaften und insbesondere der Beobachtung des Vogelfluges ist bekannt, dass sich die Deckfedern am Vogelflügel beim Ablösen der Strömung aufrichten. Die Vermutung, dass dieses Aufsteilen des Deckgefieders in der Wirkungsweise einer lokalen Rückströmbremse funktioniert und so ein Abreißen der Strömung verhindert, gilt nach dem Stand der Wissenschaft, theoretischen Untersuchungen, verfeinerten Beobachtungen und Laborexperimenten als bestätigt.

Technik. Die in den Neunziger Jahren an der Technischen Universität Berlin durchgeführten Untersuchungen biologischer und technischer Strömungsklappen (Druckmessungen, Strömungsvisualisierungen und Nachlaufuntersuchungen) haben zum Verständnis des Phänomens der Strömungsablösung bei großen Tragflächen-Anstellwinkeln beitragen. Technische, dem biologischen Vorbild nachempfundene Ablöseklappen wurden flugtechnisch experimentell untersucht und Prototypen gebaut.

Beuth Hochschule für Technik, Berlin
University of Applied Sciences Berlin, Germany
Bionic Research Unit, FB Maschinenbau, Umwelt- und Verfahrenstechnik

Artifizielle Gefieder

Ablöseklappen für Hochleistungssegelflugzeuge sind Stand der Technik, ohne jedoch kommerzielle Verbreitung gefunden zu haben.

Strömungsphysik. Das Phänomen der Strömungsablösung und das beim biologischen System beobachtete Aufsteilen des Deckgefieders ist dann universell und gilt für Fluide allgemein, wenn geometrische und strömungsmechanische Ähnlichkeit herrscht. Strömungen sind geometrisch ähnlich, wenn ihre Reynolds-Zahlen gleich sind. Die Reynolds-Zahl hat große Bedeutung für das Problem der dynamischen Ähnlichkeit oder des Maßstabseffektes und ist von praktischer Bedeutung für den Vergleich der Strömungsbilder geometrisch ähnliche Körper unterschiedlicher Größe bei unterschiedlichen Geschwindigkeiten in unterschiedlichen Medien.

Modellversuche. Da die kinematische Zähigkeit von Wasser von der der Luft unterscheidet, muss die Strömungsgeschwindigkeit kleiner sein als in Luft, damit das von zwei gleichen Tragflügeln - der eine im Wasser, der andere in der Luft - erzeugte Strömungsbild ähnlich ist. In Freifeldexperimenten mit Modellen konnte gezeigt werden, dass flexible, dem biologischen Vorbild nachempfundene Ablöseklappen an Unterwasserbauteilen unter bestimmten Anströmbedingungen geeignet sind, die Strömung zu konditionieren.
Nachfolgend ist von Fluiden im Allgemeinen und von Flüssigkeiten im Besonderen die Rede.

Problembeschreibung
Strömungsablösung ist bei Unterwasserbauteilen von Seefahrzeugen, insbesondere bei beweglichen und starren Leit- und Steuerflächen ein unerwünschtes physikalisches Phänomen. Die Steuerwirkung eines hart gelegten Yachtruders (großer Anstellwinkel einer tragflügelähnlichen

Artifizielle Gefieder

Steuerfläche) sinkt drastisch, der Gesamtwiderstand des Fahrzeuges nimmt zu.

Im Gegensatz zu aerodynamischen Tragflächen haben hydrodynamische Leit- und Steuerflächen oftmals stark gewölbte oder ballige Oberflächenkonturen und die beaufschlagenden Kräfte sind größer. Eine Übertragung sowohl der in der belebten Natur (beim fliegenden Vogel) beobachteten Strömungskonditionierung durch Deckgefieder, als auch technischer Strömungsklappen für Flugzeugtragflügel nach Stand der Technik auf in Fluiden betriebene Leit- und Steuerflächen ist hinsichtlich einer konstruktiven Gestaltung, der Ausführung in einem für die technische Anwendung relevantem Produkt und einem der Grundidee entsprechendem Betrieb in der Praxis der Seefahrzeuge nicht möglich.

Darüber hinaus stellt das Oberflächenfouling einer im Wasser befindlichen Oberfläche ein Problem dar. Permanente Strömungsklappen sind deshalb nicht vorteilhaft. Zwar ist im Regatta-Sport das Reinigen des Unterwasserschiffes und aller Unterwasserbauteile bei Jollen und auch bei Rennyachten vor einer Wettfahrt üblich, doch ist die Funktionserhaltung von permanenten Strömungsklappen durch Reinigung sehr aufwändig und in der Praxis der Regattasports und für Trainingsfahrten wenig praktikabel.

Problemlösung

Das der Erfindung zu Grunde liegende Problem wird dadurch gelöst, dass auf die gereinigten Oberflächen von Seefahrzeugen Strömungsklappen auf der Basis von Einweg-Oberflächenfolien nach Anspruch 1 geklebt werden. Die hydroflexiblen Einweg-Oberflächenfolien für geometrisch einfache Unterwasserbauteile von Seefahrzeugen sind nach dem Betrieb leicht entfernbar und zu entsorgen.

Die strömungsmechanisch wirksamen Einweg-Oberflächenfolien sind durch parametrische Variation der Geometrie vom Hersteller auf unterschiedliche Schiffstypen spezifizierbar und vom Anwender leicht auf an dem Unterwasserbauteil befindlichen Markierungen zu positionieren. Die Einwegfolien sind nach Anspruch 1 selbstklebend oder nach Anspruch 2 mit Hilfe von unterwassertauglichen, handelsüblichen Klebebändern auf dem Unterwasserteil zu befestigen.

Durch die hydroflexiblen Einweg-Oberflächenfolien nach Anspruch 1 wird die in der belebten Natur (beim fliegenden Vogel) beobachtete Effekt der Strömungskonditionierung durch Deckgefieder auf ein technisches System übertragen und der physikalische Effekt des Aufsteilens biologischen Gefieders für fluidisch beaufschagte Unterwasserbauteile von Seefahrzeugen nutzbar.

Erreichbare Vorteile

Durch die Erfindung nach Anspruch 1 wird ereicht, dass der Widerstand durch Strömungsablösung bei fluidisch belasteten Leit- und Steuerflächen von Seefahrzeugen vermindert wird und die Steuerwirkung über einen großen Bereich möglicher Anstellwinkel erhalten bleibt. Gegenüber einer permanenten Anordnung ist eine Einweg-Oberflächenfolien nach Anspruch 1 kostengünstig und einer auf die Regatta-, Wettfahrt und Trainingspraxis relevanten Anwendung angepasst.

Aufbau, Anfertigung, Montage und Wirkungsweise

Die hydroflexible Einweg-Oberflächenfolie nach Anspruch 1 besteht aus einem wasserbeständigem Kunststoff- Folienmaterial von für fluidische Beaufschlagung ausreichender Biegeflexibilität, die mit üblichen technischen Mitteln bedruckt werden kann. Transparenz der Folie ist vorteilhaft, aber für die Wirkungsweise des Bauteils nicht relevant.

Figur 1 zeigt das Grundschema eines Oberflächenfolien-Elements. Das Folien-Element ist hinsichtlich seiner Geometrie rapportierbar und durch computerunterstützte Bildbearbeitungsverfahren in einfacher Weise zu

Artifizielle Gefieder

einem beliebig langen System von Folien-Sequenzen erweiterbar. Folienelement und Oberflächenfoliensystem sind beliebig skalierbar (siehe schematische Skizzen in Figur 2). Das Grundschema des Oberflächenfolien-Elements ist mit handelsüblicher Software informationstechnisch verarbeitbar und kann als Produkt von einem Hersteller vertrieben werden.

Die Folien werden entweder maschinell fabriziert, oder durch den Anwender selbst hergestellt. Die Anfertigung der gebrauchsfertigen Oberflächenfoliensysteme erfolgt durch lochen und schneiden bzw. stanzen. Der ersten Anfertigung einer Serie von Oberflächenfoliensystemen geht eine informationstechnische Verarbeitung voraus.

Die Lochungen in der Folie (siehe Figur 1 und Figur 2) erleichtern den manuellen Schneidevorgang. Im Betrieb dienen die Lochungen dem Abbau mechanischer Spannungen in der Folie während der fluidischen Beaufschlagung.

In den Abbildungen des Folienelements und der Oberflächenfoliensysteme (Figur 1 und Figur 2) befinden sich schraffierte Flächen. Die schraffierten Flächen sind im Falle der fabrizierten Folie einseitig mit Klebstoff beschichtet und dienen der Befestigung auf dem Strömungskörper. Die schraffierten Flächen stellen Montagelaschen dar und sind im Falle der Selbstanfertigung der Folie genau die Bereiche des Oberflächenfoliensystems die vom Klebeband erfasst werden und der Montage auf dem Strömungskörper dienen (Figur 3).

Durch das Fügen des Oberflächenfoliensystems mit dem Strömungskörper (hydrodynamisch wirksamen Auftriebsflächen, Leit- und

Beuth Hochschule für Technik, Berlin
University of Applied Sciences Berlin, Germany
Bionic Research Unit, FB Maschinenbau, Umwelt- und Verfahrenstechnik

Artifizielle Gefieder

Steuerflächen) durch Selbstklebung oder durch Befestigung mit Klebeband entstehen hydroflexible Klappenelemente (Figur 5).

Die zu beklebenden Strömungskörper sollen an den relevanten Bereichen möglichst einfach geformt sein, also keinen springenden Kanten, keinen Versatz, Löcher oder Anbauten aufweisen. Die Strömungskörper sollen beim Fügen der Oberflächenfolie unverschmutzt und trockenen sein. Symmetrische Strömungskörper sind auf beiden Seiten mit (spiegelsymmetrischen) Oberflächenfoliensystemen zu bekleben. Materialstärke, Steifigkeit, Größe, Position und spezifische Ausgestaltung der Oberflächefolie variieren nach Art und Größe des Strömungskörpers und der Anströmsituation; sie sind durch Berechnung, Erfahrung oder im Versuch zu ermitteln (siehe hierzu schematische Skizze Figur 5). Die Position der Oberflächenfoliensysteme kann auf den Strömungskörpern durch Markierungen geschehen.

Nach dem Gebrauch kann die Oberflächenfolie in einfacher Weise durch Abziehen oder Schälen vom Strömungskörper entfernt werden.

Kommt es bei hydrodynamisch wirksamen Auftriebsflächen, Leit- und Steuerflächen in bestimmten Anströmsituationen mit großem Anstellwinkel des Strömungskörpers infolge lokaler Rückströmung und Wirbelbildung zu einer Strömungsablösung an der Strömungskörperoberseite (Leeseite des Strömungskörpers), steilen sich die hydroflexiblen Klappenelemente lokal auf. Das Aufsteilen der hydroflexiblen Klappenelemente funktioniert in der Wirkungsweise einer Rückströmbremse und bewirkt lokal, dass ein Abreißen der Strömung verhindert wird, wie in der Darstellung zum Stand der Wissenschaft beschrieben. Die hydroflexible Oberflächenfolie auf der der Hauptströmungsrichtung zugewandten Seite (Luvseite des Strömungskörpers) ist inaktiv und legt sich, vermittelt durch die Druckkräfte der Strömung, an den Strömungskörper an, wie in der schematischen Skizze (Figur 4) dargestellt.

Figur 1

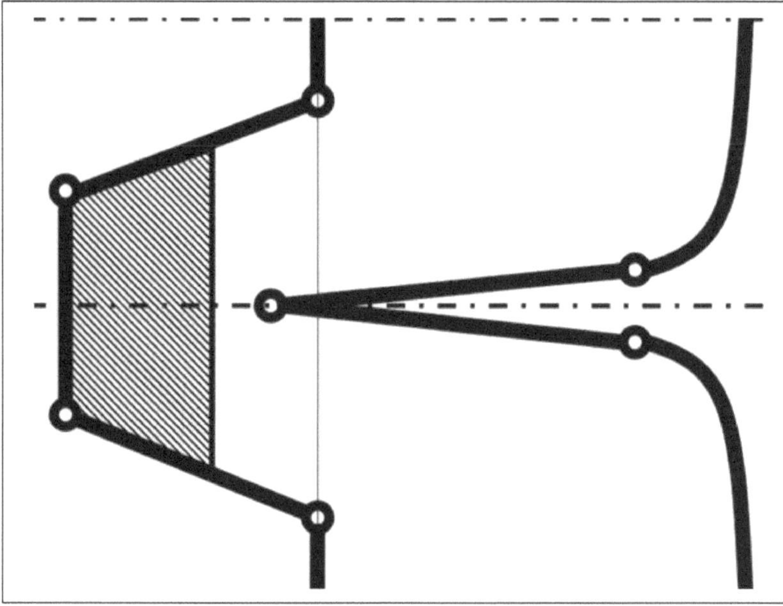

Figur 2

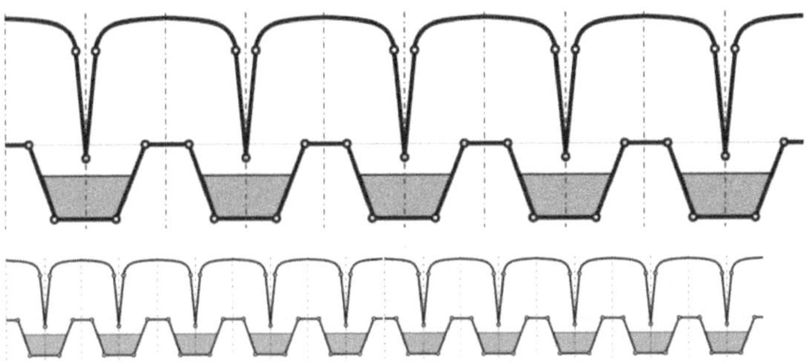

Figur 3

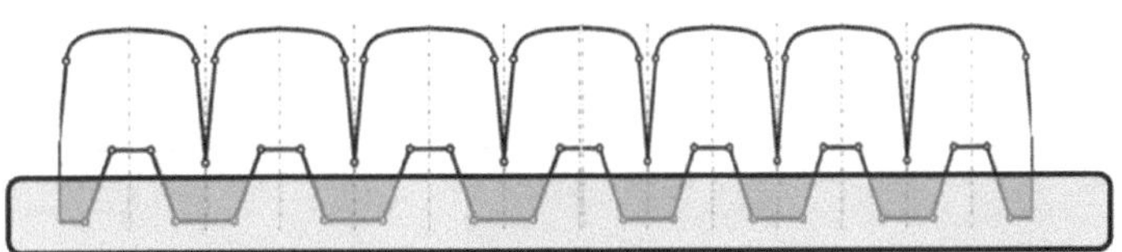

Figur 4

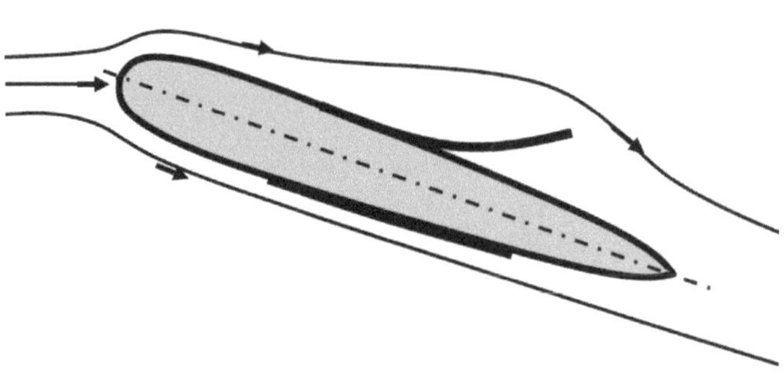

Figur 5

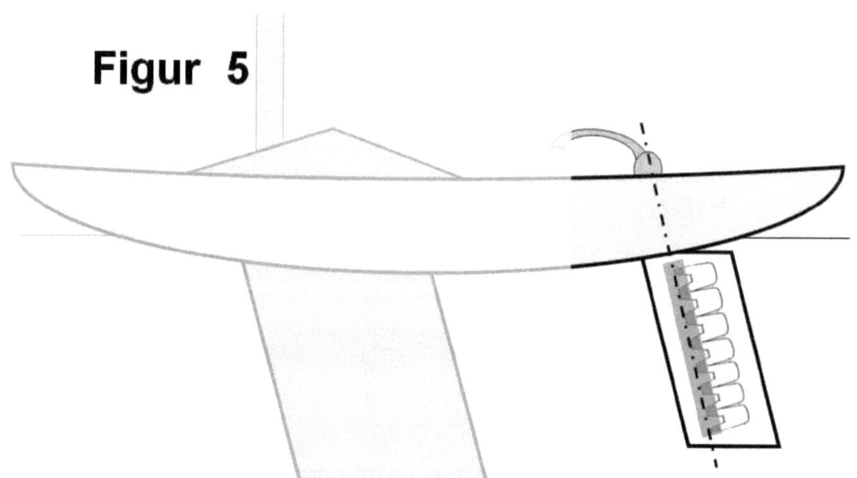